荒漠求生

[英] 丽莎·里根 文　管靖 译

科学普及出版社
·北　京·

北京市版权局著作权合同登记　图字：01-2024-3154

图书在版编目（CIP）数据

绿色星球．荒漠求生 /（英）丽莎·里根文；管靖译．-- 北京：科学普及出版社，2024.7
ISBN 978-7-110-10714-0

Ⅰ．①绿… Ⅱ．①丽… ②管… Ⅲ．①旱生植物–少儿读物 Ⅳ．① Q94–49

中国国家版本馆 CIP 数据核字（2024）第 066428 号

植物在很多地方都能生根发芽、茁壮成长。森林中、花园里、河岸边，甚至悬崖、高山、墙壁和道路上，都有植物的踪迹。

有些植物还想方设法让自己在地球上最恶劣的环境——荒漠中生存下去。在那里，水十分稀缺，却足够让那些特殊的植物找到自己的生存之道。

这本书将带我们了解荒漠植物是如何生存的，看看它们是怎样利用伪装、武器以及其他适应性，让自己傲立于令人望而生畏的干旱之地的。

植物的组成

植物有不同的形状和大小。即使那些在水源不足的环境中艰难生存的植物，也可能随着时间的推移长得巨大。虽然荒漠植物具有自己独特的适应能力，但它们的基本组成大多是相同的。

植物的茎干可能很坚硬，也可能很柔软，它们为叶子输送营养物质和水分。

叶子就像植物身上的太阳电池板，它们吸收阳光并利用它制造植物生长所需的“燃料”（请参阅第 8 页）。

植物的根通常长在地下。根系可以帮助植物牢牢固定在原地，并吸收地表之下的无机盐和水分。

很多植物会通过开花结果进行繁殖。开花植物可能会利用花朵的气味、形状或颜色让传粉者注意到自己，从而吸引传粉者来访。

很多能结果的植物会把种子藏在美味的果实里，目的是引诱动物吃掉它们。然后，植物的种子便会混在动物的粪便里，随着动物的移动被带到其他地方。

子房、花柱和柱头构成了雌蕊，是花的雌性生殖结构。

花药和花丝构成了雄蕊，是花的雄性生殖结构。

生命周期

和其他生物一样，植物也需要繁殖，创造新的生命。有些植物通过无性生殖来实现这一点，也有很多植物是通过开花并产生种子来进行繁殖的。

有花植物的雄蕊和雌蕊分别产生花粉和胚珠。对于异花传粉的植物来说，一朵花的花粉必须被传到另一朵花上才能完成受粉。然后，植物就可以产生种子，种子在适当条件下将长成新的植株。花粉可以通过水或风来传播，而鸟类、昆虫或蝙蝠等生物也常常会在造访花朵、寻找食物时不经意间沾上花粉，从而帮助花朵传粉。

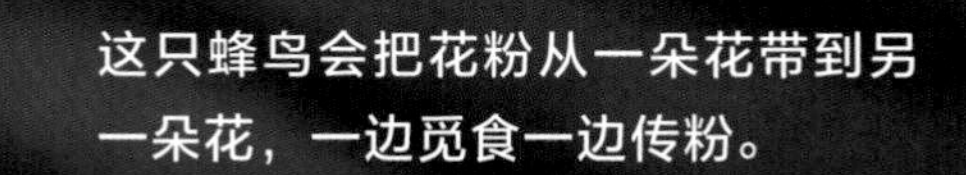

这只蜂鸟会把花粉从一朵花带到另一朵花，一边觅食一边传粉。

有些种子一直藏在地下，等待雨水的降临。在荒漠中，这意味着可能要等待数年甚至数十年。像下图中雪球沙马鞭这样的野花在沙地上成片地盛开，吸引着迁徙的蝴蝶。这种美丽的场景只持续几周就会消失，但这段时间足以让它们产生种子。

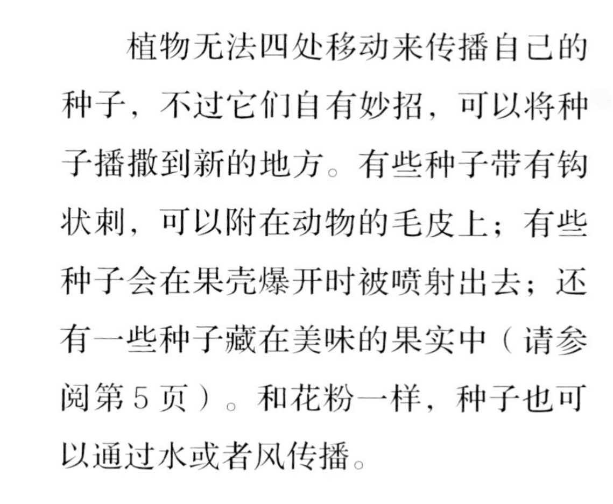

植物无法四处移动来传播自己的种子，不过它们自有妙招，可以将种子播撒到新的地方。有些种子带有钩状刺，可以附在动物的毛皮上；有些种子会在果壳爆开时被喷射出去；还有一些种子藏在美味的果实中（请参阅第 5 页）。和花粉一样，种子也可以通过水或者风传播。

左图中雪球沙马鞭的这次开花发生在 2018 年，地点在美国和墨西哥交界处的大沙漠。这些花是随着当地 20 年来的第一场降雨出现的。

在美国亚利桑那州的沙漠中，有一种被称作“哈布尘暴”的沙尘暴，它会卷起数百万颗种子，撒向整片沙漠。

扫码看视频

日与夜

大多数植物都需要阳光。它们的叶子可以吸收太阳的能量，并利用这些能量将水和二氧化碳转化为糖类和氧气，糖类又可以为植物提供生长所需的能量，这一过程被称为光合作用。植物、藻类和一些细菌都能进行光合作用。

植物通过蒸腾作用释放水分（请参阅第 22 页）。白天的酷热干燥使植物的体表蒸腾旺盛，而荒漠中的植物可不希望珍贵的水分就这样白白流失。

为此，仙人掌掌握了一种特殊的本领：晚上，叶片气孔打开，它们吸收二氧化碳并储存起来；白天，气孔关闭，它们利用储存的二氧化碳进行光合作用。这样，它们就能大大减少蒸腾作用造成的水分损失。

夜幕降临后，沙漠里别有一番忙碌的景象。晚上的气温比白天低，不少动物都会利用这段时间出来寻找花蜜、果实等食物，而这也能帮助植物传粉和传播种子。

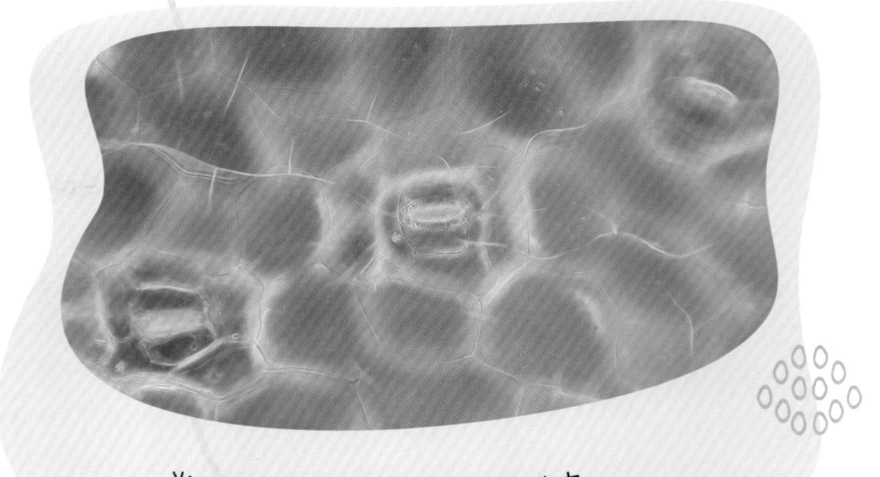

光合作用发生在绿色植物的叶绿体中。

索诺拉沙漠夏季白天气温可高达 49 摄氏度，而在夜间，沙漠地区的热量很容易散失，因而气温可能会降到 0 摄氏度以下。

荒漠世界

每个大洲都有荒漠，通常位于大陆的西侧。荒漠有很多种，其中沙漠主要分布在北纬 15 度和 30 度之间或南纬 15 度和 30 度之间。并非所有荒漠都是沙丘绵延的沙漠，还有布满砾石的砾漠、由泥土组成的泥漠、被盐类矿物覆盖的盐漠等。

荒漠地区的年降水量一般少于 250 毫米，有些荒漠甚至可能连续数年滴水不降。在沙漠地区，白天的气温通常很高，而夜晚往往很冷。

三齿团香木（上图）只有在有水分供应时才会生长。它们的生长速度极其缓慢，在没有水的情况下可以生存两年。有些三齿团香木已经活了超过 1 万年。

非洲大陆有超过三分之一的面积被沙漠覆盖。其中，纳米布沙漠（左图）是世界上最古老、最干燥的沙漠之一，而撒哈拉沙漠是世界上面积最大的沙漠。

索诺拉沙漠覆盖了墨西哥的部分地区以及美国亚利桑那州和加利福尼亚州的部分地区。这片沙漠因巨人柱而闻名，这种仙人掌可以长到 10 米甚至更高，寿命可以超过 200 年。世界上其他地方都没有自然生长的巨人柱。

巨人柱是索诺拉沙漠中的一个“关键种”，它们在当地生态系统中发挥着至关重要的作用。如果没有巨人柱，那么这里的一切都会改变。关键种可能是一种植物，也可能是一种动物，比如捕食者、传粉者或“工程师”（例如能改变河道的河狸）。

荒漠植物

植物会采取不同的策略来应对缺水。有些植物选择储存水分，有些试图窃取水分，还有一些选择默默等待降雨，并在降雨后短时间内迅速开花。

肉质植物（也叫多肉植物）把水分储存在厚厚的肉质叶或肉质茎之中。芦荟和仙人掌都属于肉质植物。肉质植物的叶片表皮通常有蜡质或短毛，使它们不容易脱水。

库拉索芦荟

群钗寄生是一类寄生植物，它们寄生在仙人掌上，攫取仙人掌储存的水分。

鳞叶卷柏（右图）生长在墨西哥北部的奇瓦瓦沙漠。它们是植物中的另类，因为它们可以通过“四处移动”来寻找自己需要的东西。它们几乎没有根系，看上去大多呈褐色、干枯状。起风的时候，它们会脱离地面，在沙漠中滚动，一个星期内可以移动约 1.6 千米。随着雨水的到来，它们吸收了水分，叶子就会展开并且变绿。而后，当下一场干旱来袭，它们又会蜷缩成一团，再次滚走。

扫码看视频

荒漠地区很少下雨，但如遇天降甘霖，就可能出现繁花盛开的景象。

在四季分明的环境中，种子通常在冬天蛰伏于地下，待到春暖之时萌发、生长。而在荒漠中，种子则需要耐心等待雨水的降临，为此，它们甚至可以在地下静静等待数十年。条件适宜时，它们可能就会一起开花，为荒漠之地添上缤纷的色彩。

极端环境

酷热的白天、极寒的夜晚、稀缺的水源、变幻莫测的天气……在荒漠中，这样极端的条件稀松平常，生长在这里的植物必须具备很强的适应性。

巨人柱采取的一种生存策略是以极其缓慢的速度生长。虽然它们能长到10米高，但这需要花费好几十年的时间。巨人柱在其生命最初的八年里仅生长5~7厘米。它们在35岁之前都不会开花，并且至少要到50岁之后才会长出分枝。

美国亚利桑那州的索诺拉沙漠并不经常下雪，但当大雪来临时，巨人柱必须有能力活下去。比起脆弱的幼龄巨人柱，成年的巨人柱能够更好地应对这种情况。

仙人掌科有近 2 000 种仙人掌植物，它们在美国的沙漠中十分常见，在墨西哥甚至南美洲都有分布。它们的形状和大小各不相同：有些长得又粗又矮，呈桶状；有些则长得像树一样高，有一根主干和多个分枝。

这几株高大的巨人柱生长在一棵牧豆树的树荫里。像牧豆树这样的植物，也被称为“护士植物”，它们可以在巨人柱幼小和脆弱的时候保护它们免受烈日的曝晒。

在塔克拉玛干沙漠，白天气温可飙升到 40 摄氏度以上，到了晚上可降至零下 20 摄氏度以下。生长在这里的胡杨根系极长，树龄可达上千年。

储水能手

城市里的植物要竭尽全力寻找肥沃的土壤，水中的植物要在水流和潮汐中艰难立足，雨林里的植物要为了争夺阳光展开争斗……而对于荒漠中的植物来说，生存之战的终极目标只有一个——水。

荒漠植物必须掌握巧妙的对策，避免自己干渴而死。

当水源稀缺时，尽可能多地储水绝对是明智之举，这正是巨人柱采取的策略。

巨人柱是名副其实的大块头，它们的主干就如同巨大的储水罐，在水分供应不足时，它们会萎缩；而一旦降水，它们的身体就会因膨胀而改变形状，表面的褶皱随着内部储水的增多而展开、变平。

巨人柱可以长到非常惊人的高度，储存大量的水。一株大的巨人柱能够储存 5 000 升的水，重量相当于七头公牛。

扫码看视频

大量的水分储备使巨人柱在干旱期也能开出花朵，结出种子。
一株生长状况良好的巨人柱一年可以结出约 150 颗果实，每颗果实含有约 200 颗种子。
巨人柱的花朵和果实引来了觅食的鸟儿。
巨人柱高大粗壮的主干对于鸟儿同样具有吸引力，因为那里是绝佳的筑巢之地，不仅远离地面，还有很多的尖刺，使捕食者难以靠近。

一株大的巨人柱储存的水足以装满 18 个浴缸，然而这么多的水只够巨人柱使用几个月。

一株巨人柱在漫长的一生中，可能会产生多达 3 000 万颗种子。然而，并不是所有种子都能长成新的巨人柱，其中可能有数百万颗会因干旱、洪水、冰冻而损坏，或者没能落在适合生根发芽的地方。

身披尖刺

植物通过叶片进行光合作用和蒸腾作用。与大多数植物的片状叶不同，几乎所有仙人掌的叶都为尖刺状，能防止水分蒸发，使仙人掌适应干旱的生存环境。

在蒸腾作用中，水分会通过叶片上的小孔（称为气孔）逸出。沙漠植物的叶片通常比较小，并且表面覆有蜡质，能够减少体内水分流失。与生长在气温较低地区的植物相比，仙人掌的气孔往往也比较少。

猴面包树是世界上最大的肉质植物（请参阅第 14 页），其叶形似五根张开的手指。

很多植物身上布满尖刺。有些植物的刺是一种变态茎，称为枝刺；而像大多数仙人掌植物那样的刺则是一种变态叶，称为叶刺。

与片状叶相比，刺的表面积要小得多，因而散失的水分也少得多。此外，刺还有助于仙人掌保护自己，避免被某些生物伤害或吃掉。

南美洲的阿塔卡马沙漠是锦鸡龙的家园。这种仙人掌的防御武器可不容小觑——它们的刺长达 20 厘米，在所有种类的仙人掌中数一数二。

偷水贼

有些植物不把自己的根扎进土壤里去获取水源，而是将其他植物储藏的水分据为己有。它们就是寄生植物，荒漠中的“偷水贼”。

这种鸟是智利小嘲鸫，它们常常停留在锦鸡龙上休息，有时还会顺便排泄粪便。

它们排出的粪便里含有群钗寄生的种子。

群钗寄生的种子具有黏性，即便没有被鸟儿吃掉，也有其他机会传播。它们可以粘在鸟的喙上或脚上，被带往宿主植物那里。

群钗寄生的种子一旦附着在仙人掌的刺上，就会伸出“触角”（称为吸器），探寻仙人掌的表皮。

当夜幕降临时，仙人掌会张开气孔以吸收二氧化碳，释放氧气，这就给了群钗寄生可乘之机。那些种子伸出的“触角”会将打开的气孔作为入口，进入仙人掌内部，径直获取储藏在其中的珍贵水分。

群钗寄生在仙人掌内部不断生长。一年后，它冲破仙人掌的表皮，开出鲜红的花朵，并且通过来访的蜂鸟完成受粉，而后产生数百颗种子。这些种子又能引来更多的鸟儿，随后被带到其他仙人掌上——新的循环就此开启。

群钗寄生是一类寄生植物，寄生在阿塔卡马沙漠中的锦鸡龙上。它们红色的花朵产生花蜜，可以吸引蜂鸟来访。

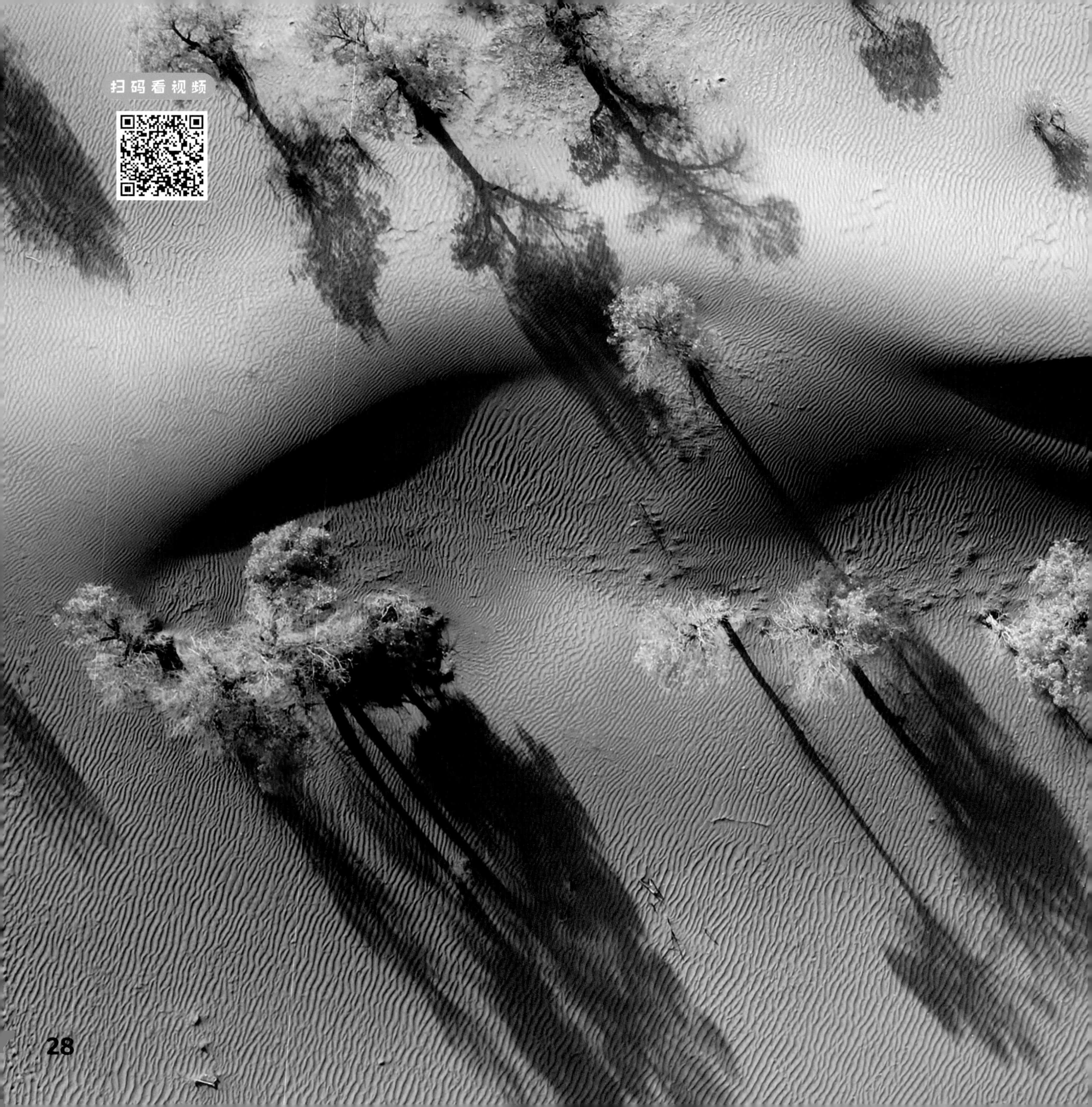
扫码看视频

沙漠老寿星

位于中国西北部的塔克拉玛干沙漠是中国最大的沙漠，也是世界第二大流动沙漠。在那里的沙丘上生存对任何植物来说都绝非易事，然而胡杨成功做到了。

胡杨根据水位高低来调节自己的生长速度。有时它会迅速生长，有时又几乎不生长。

虽然降水稀少，但这里的植物有一种暂时性的替代水源。在一年中的某些时段，塔里木河会从天山山脉、昆仑山脉等带来冰雪融水。这种间歇河的水位时高时低，并且河道每年都会发生变化。当水位高时，胡杨就会抓住时机，充分利用这一水源，迅速生长。

有些胡杨树已经有1 000年的树龄了。

胡杨的根很长，形成一个巨大的根系网络，向四面八方延伸以获取水源。胡杨可以进行根蘖繁殖，因而相邻胡杨的根在沙丘之下往往相互连接，只要一株胡杨的根找到了水源，其他胡杨都可以共享。

伪装大师

并非所有植物的叶都是片状的、颜色是绿色的，一些生石花的叶就不具备这两个特征，不过它们仍然通过开花来吸引传粉者。这些植物生长在南非的卡鲁沙漠，是非常了不起的伪装大师。

这片荒漠看上去平平无奇，似乎只有一些砾石散落在沙土中……

等一下！石头里竟然长出了绿色的嫩芽？

扫码看视频

没错，这些“石头”开花了！

生石花是一类肉质植物，罕见的降水之后，它们会吸收水分，迅速生长。它们的伪装极其高明，足以骗过任何通过吃植物来获取水分的动物。

一年中的大部分时间里，它们都处于伪装状态，只有在繁殖的那几天才会暴露自己的“真面目”。在此期间，它们的花朵每天日开夜合。一旦受粉完成，它们就又变回砾石的模样。

虽然每一块“砾石”表面都是透明的细胞，但其内部深处有绿色细胞，这使它们能够进行光合作用，为自己制造食物。

非洲巨树

季节性栖息地可能在一年中的部分时间水源充足，在其他时间却干涸如沙漠。生长在津巴布韦热带稀树草原地区的巨型猴面包树就需要应对这种波动。

强壮的猴面包树可以挺过干旱，存活数千年。

现在是雨季，一群大象在寻找食物。

大象吃猴面包树的果实，而猴面包树的种子就随着大象的粪便被排出体外，大范围传播。

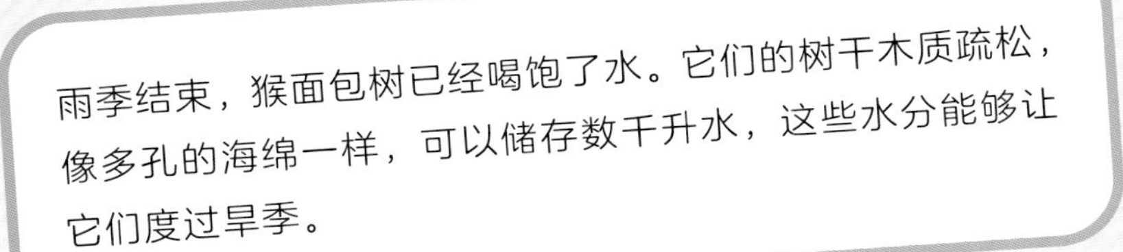

雨季结束，猴面包树已经喝饱了水。它们的树干木质疏松，像多孔的海绵一样，可以储存数千升水，这些水分能够让它们度过旱季。

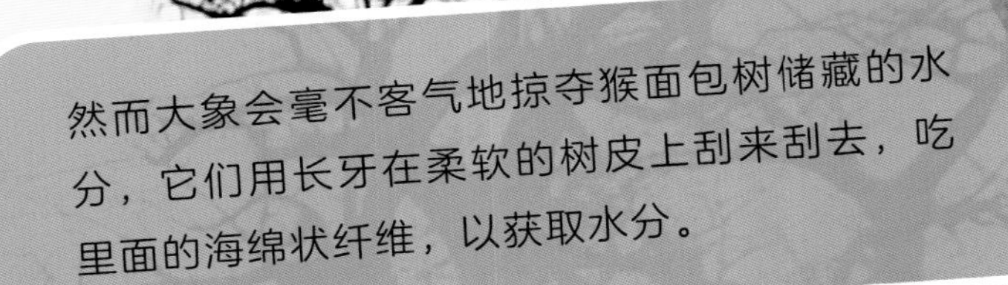

然而大象会毫不客气地掠夺猴面包树储藏的水分，它们用长牙在柔软的树皮上刮来刮去，吃里面的海绵状纤维，以获取水分。

通常情况下，猴面包树可以自我修复。它们的海绵状木质会膨胀，树干的伤口会愈合，表面会长出新的树皮。

如果受到的损伤过于严重，猴面包树很可能就无力回天了。

这种仙人掌生长在美国亚利桑那州的索诺拉沙漠。因为它们看上去毛茸茸的，所以被人们称为泰迪熊仙人掌。不过，千万不要被它们可爱的名字欺骗，它们可是臭名昭著的不好惹的植物。

泰迪熊仙人掌的刺就像玻璃碎片。它们很容易刺穿皮肤或毛皮，而且向后贴的刺鳞会卡进肉里，一旦刺入就很难拔出，令人和动物疼痛不已。

可怕的堡垒

扫码看视频

大多数动物都对泰迪熊仙人掌避之不及，但白喉林鼠找到了一种巧妙的方法，可以有效利用这些仙人掌的刺。

泰迪熊仙人掌通过产生小芽来进行繁殖，这些小芽会从高高的仙人掌上脱落，散布在亲本植株四周。这对于后代的生长并没有什么好处，新的植株还可能与亲本植株争抢宝贵的水资源。

白喉林鼠会把这些掉落的小芽拖走，这可给泰迪熊仙人掌帮了大忙。

泰迪熊仙人掌的芽上覆满苍白、尖锐的刺，刺的长度可达 2.5 厘米。

白喉林鼠清楚地知道应该抓住这些小芽的哪个部位来搬动它们——小芽在脱落之前与亲本植株相连之处有一小块光滑无刺的地方。白喉林鼠把这些带刺的小芽搬到自己的巢穴入口处，用小芽筑起一堵墙，以阻挡天敌。

被白喉林鼠用来筑墙的小芽不会始终留在原地，但这对白喉林鼠来说无关紧要，它们会再拖一个小芽来填补空缺。“逃离”的小芽若能滚下坡，停驻在新的地方，就有机会在远离亲本植株的地方扎根生长。

白喉林鼠还可以从泰迪熊仙人掌的肉质小芽中获取水分。

挑起战争

在美国的大盆地沙漠，夜晚的空气中弥漫着花香。这种香气来自一种野生烟草植物——渐狭叶烟草，它们是植物化学战中的大师。

渐狭叶烟草的气味引来了像烟草天蛾这样的夜间传粉者。烟草天蛾用它们的长喙吸食花蜜，并把花粉从一朵花带到另一朵花。

然而，烟草天蛾也会把渐狭叶烟草当作育儿室。它们把卵产在烟草叶子上，当虫卵孵化时，叶子就是幼虫的食物。但是幼虫会啃噬掉大量的叶子，有可能导致植物死亡。

扫码看视频

为了生存，植物也会发起反击。渐狭叶烟草的叶子上覆盖着含糖的茸毛，食用这些叶子会使天蛾幼虫散发出吸引捕食者的气味。这样，捕食天蛾幼虫的昆虫就会循着气味找到并吃掉天蛾幼虫和还未孵化的卵。

渐狭叶烟草受到攻击时会产生尼古丁，这是一种对大多数生物有毒的化学物质。然而，天蛾幼虫有办法应付它。

但仍然有一些天蛾幼虫成功躲过捕食，并且长得越来越大。渐狭叶烟草在感受到自己面临的威胁时，就会在叶子之间传递信号，让所有叶子都处于防御状态。天蛾幼虫吃掉的叶子越多，它们粪便中吸引捕食者的气味就越浓，就会引来更大的捕食者，比如上图中的这只鞭尾蜥。对于正在觅食的鞭尾蜥来说，美味的天蛾幼虫可是一道完美的点心。

渐狭叶烟草在短短几周内就能长到 1 米高。

墨西哥的加利福尼亚湾一个叫圣佩德罗马蒂尔的小岛上生长着大量的武伦柱。

这座小岛又被称为鲣鸟岛，因为有许多鲣鸟，包括褐鲣鸟和有着明亮的蓝色脚蹼的蓝脚鲣鸟，在这里栖息和繁衍。

扫码看视频

各取所需

植物的种子随风四处散播：有些落在了郁郁葱葱如植物天堂的岛屿上；有些则落在了相对荒凉的地方，比如圣佩德罗马蒂尔岛，在浩瀚的海洋中它看上去比一大块岩石大不了多少。

这座小岛上不仅缺乏土壤和水，还覆盖着成千上万只海鸟排出的有毒鸟粪。然而，这里是世界上仙人掌最密集的地方，有超过100万株仙人掌。

因为极少有植物能够在这里生存，所以仙人掌不必与其他植物争夺生存空间。

这些仙人掌在岛上茁壮成长，并且长得相当大，所以成为鲣鸟绝佳的筑巢之处，既提供阴凉，又能保护雏鸟。

生长在这里的武伦柱已经对鸟粪中的毒素产生了抵抗力。它们不仅不会因鸟粪中毒，还可以从鸟粪中汲取营养。这些海鸟通常以鱼类为食，因而粪便中富含营养物质。

武伦柱也被称为“大象仙人掌”或“墨西哥巨人”。在大陆上，它们能长到15米以上的高度。不过，在这座多风的小岛上，它们就矮得多了。

奇异景象

并非所有肉质植物都是绿色的，有些肉质植物的外形别具一格。比如这株大花犀角，它将自己伪装成动物腐肉来吸引传粉者。

这种南非植物被称为荒漠海星，它们的花蕾和一个网球差不多大。

它们利用储存在茎中的水分来生长、开花。

它们的花有皱巴巴的表皮，还有茸毛，看起来就像动物的皮肤和毛发，闻起来像是腐烂的尸体。这样的花是为了吸引食腐肉的苍蝇。

大花犀角的花粉被包裹在五个微小的囊中，位于花朵中心颜色较深处。当苍蝇来访时，单个的花粉囊可以附着在苍蝇身上——不是粘在躯干上，而是直接粘在苍蝇用来进食的口器上。

无法摆脱花粉囊使苍蝇十分懊恼，它只好带着花粉囊去往下一株大花犀角。在苍蝇取食过程中，花粉囊会从口器上掉落，传粉也就完成了。一个花粉囊可以创造出数百颗种子，繁衍出下一代大花犀角。

生存危机

和所有类型的栖息地一样，荒漠也很容易受到各种变化的影响，其中就包括人类活动和全球变暖带来的变化。荒漠是一个处于微妙平衡的生态系统，温度或降水的微小改变都可能对植物的生存产生巨大影响。

科学家通过监测植被来判断环境发生了多少变化。巨人柱等关键种数量的下降令人担忧，人们对此展开了积极的行动。如今，专家已经掌握了阻止许多重要荒漠植物消失的方法。

这张图片展示的是 20 世纪 40 年代与近些年，索诺拉沙漠中巨人柱生存数量的对比。

猴面包树有个绰号叫“倒立树”，因为它们看起来就像树根长在了空中。它们也被称为“生命之树”，因为人和动物，比如第 32 页提到的大象，都会利用猴面包树内部储存的水分。

然而，气候变化的恶果正在逐步显现。旱季正变得越来越长、越来越严酷，猴面包树的自愈越来越困难。大象的生存也变得十分艰难，它们必须在缺水的环境中生存更长时间，因此它们对树木的破坏也更大。很多古老而壮观的猴面包树都没能存活下来。这形成了一个令人担忧的恶性循环。

我们在这本书中认识的植物都很顽强，事实证明它们有能力适应最恶劣的环境。然而，对于其中一些植物来说，气候变化可能带来令它们无法承受的影响。

现在到了我们采取行动的时候。时间正在一分一秒地流逝，但做出积极的改变来扭转局面，还为时不晚。

Picture credits
Front cover: tbc
34–35, **39tl**, **46t** Creator Paul Williams, Copyright BBC Studios;
3, **6**, **7c**, **7b**, **9b**, **10t**, **12–13**, **14bl**, **15t**, **15c**, **16**, **17t**, **17br**, **18–19**, **18bl**, **19br**, **22bc**, **23**, **25br**, **26–27**, **28**, **31t**, **31b**, **32br**, **34bl**, **36**, **40–41**, **42t**, **43tl**, **43b**, **44–45**, **46–47** Copyright BBC Studios;

with the exception of the following images which are courtesy of Shutterstock.com:

4r Ovidiu Hrubaru; 5t Charles T.Peden; 5b ESB Basic; 8 Oleg Znamenskiy; 10b Raphael Mathon–Goupil; 14tl chuyuss; 14cr DeawSS; 19tr tntphototravis; 20–21 Nate Hovee; 22tl Dr. Juergen Bochynek; 22bl Freelanceman; 29bl HelloRF Zcool; 29br Huang Qiangchu; 30–31 Dewald Kirsten; 30l Piece of peace; 37tl ken 18; 37tr David Wingate; 47tr Torsten Pursche